Conozco a un científico

Arnhilda Badía

Melodía: I Had a Little Turtle

Rourke Classroom
www.rourkeclassroom.com

Conozco a un científico.
Tú también lo puedes ser.
El **método científico**
te ayudará a entender.

Haz una **pregunta**
y mira alrededor.
¿Qué es lo que quieres saber?
Escríbelo, por favor.

Cuando trates de adivinar
harás una **hipótesis** .
¿Qué es lo que va a pasar?
Tus pruebas te lo dirán.

Haz un **experimento**.

Escribe tu observación.

Muchos datos necesitas

para llegar a una conclusión.

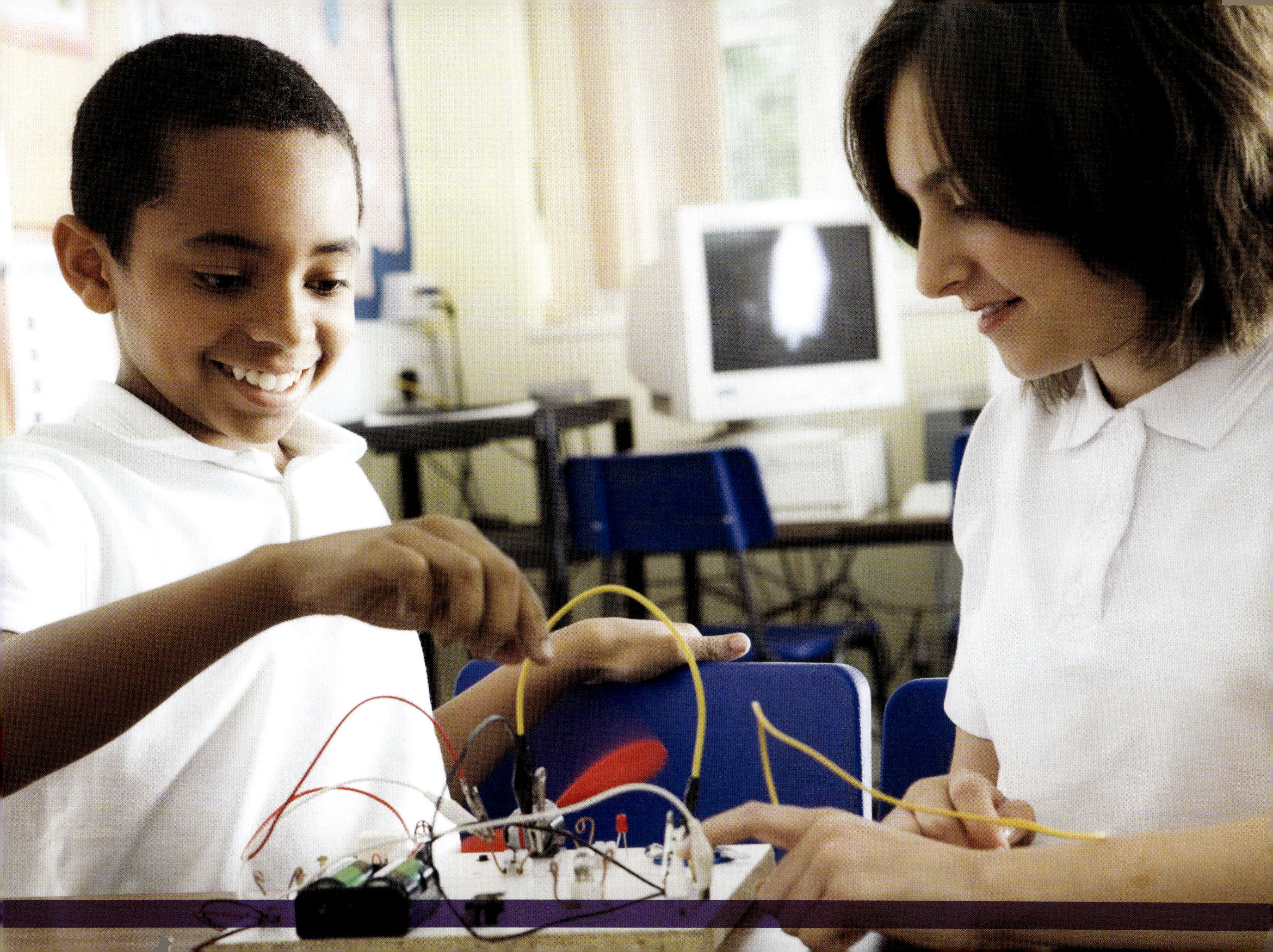

Revisa tu trabajo

para ver el **resultado**.

Dile a todo el mundo

lo que has comprobado.

rocks
Did you know that geodes are dull balls of igneous or sedimentary rock on the outside, but contain beautiful crystals on the inside?
Sedimentary rocks
formed from eroded fragments of other rocks or even the remains of plants or animals
Metamorphic roc
sedimentary or ign
rocks that have
transformed by
heat or the i
of fluids.

El método científico

1 Pregunta

¿Qué es lo que quieres saber?

2 Hipótesis

¿Qué es lo que va a pasar?

3 Experimento

¡Haz un experimento para ver si tu hipótesis es correcta!

4 Conclusión

¡Comparte lo que has comprobado!